Ferdinand Hubert Clasen

Die Muskeln und Nerven des proximalen Abschnittes der vorderen Extremität der Katze

Ferdinand Hubert Clasen

Die Muskeln und Nerven des proximalen Abschnittes der vorderen Extremität der Katze

ISBN/EAN: 9783742872357

Hergestellt in Europa, USA, Kanada, Australien, Japan

Cover: Foto ©berggeist007 / pixelio.de

Manufactured and distributed by brebook publishing software
(www.brebook.com)

Ferdinand Hubert Clasen

Die Muskeln und Nerven des proximalen Abschnittes der

vorderen Extremität der Katze

NOVA ACTA
der Ksl. Leop.-Carol. Deutschen Akademie der Naturforscher
Band LXIV. Nr. 4.

Die Muskeln und Nerven

des

proximalen Abschnittes der vorderen Extremität der Katze.

Von

Ferd. Clasen,

Mit 4 Tafeln Nr. VI—IX.

Aus dem anatomischen Institut zu Bonn.

Eingegangen bei der Akademie am 6. December 1893.

HALLE.
1895.

Druck von E. Blochmann und Sohn in Dresden.
Für die Akademie in Commission bei Wilh. Engelmann in Leipzig.

Bei Herausgabe der vorliegenden Abhandlung, welche auf Anregung und unter der gütigen Leitung meines hochverehrten Lehrers Herrn Professor Dr. M. Nussbaum in Bonn entstand, erlaube ich mir darauf aufmerksam zu machen, dass dieselbe den ersten Theil einer grösseren Arbeit darstellen soll, in der die an der Katze begonnenen Untersuchungen an anderen Thieren fortgeführt werden. Die vorliegende Veröffentlichung beansprucht nichts weiter, als eine anatomische Beschreibung der Muskeln und Nerven des proximalen Abschnittes der vorderen Extremität der zahmen Hauskatze zu sein. Es wird sich deshalb empfehlen, auf die Schlüsse, welche sich jetzt bereits ergeben haben, sowie auf das, was aus der Litteratur mit meinem Gegenstande Beziehung hat, erst später näher einzugehen. Einstweilen sind zwei Abhandlungen: G. Mivart, The Cat und Anatomie descriptive et comparative par H. Straus-Dürckheim eingehend des Vergleiches halber berücksichtigt worden.

Die **MM. pectorales** stellen eine Gruppe von Muskeln dar, welche das Sternum und die Rippenknorpel, nicht aber, wie beim Menschen, die Clavicula mit dem Humerus verbinden. Dieselben bilden vier übereinander liegende Schichten, von denen die dritte und vierte wiederum grössere oder kleinere Unterabtheilungen aufweisen.

Die *N. pectorales* stammen aus dem VI., VII. und VIII. Rückenmarksnerven. Der erste Brustnerv wird später, wie schon hier bemerkt sein soll, der Kürze wegen als IX. Rückenmarksnerv bezeichnet werden.

Die Wirkung der *MM. pectorales* besteht hauptsächlich in der Adduction des Armes; in nicht unbedeutendem Grade unterstützt *M. pectoralis I* die Wirkung der Beugemuskel des Vorderarmes, ferner wird durch Contraction

26*

der *MM. pectorales II, III* und *IV*, die ihren Angriffspunkt an der lateralen
Fläche des Humerus haben, der Arm nach innen rotirt.

Die erste Schicht des grossen Brustmuskels.

M. pectoralis I. (Fig. 1, *I*.)

Miv.: *M. pectoralis* (1).

Str.-D.: *M. pecto-antebrachial.*

Die oberflächlichste Schicht der *MM. pectorales* bildet ein langer,
schmaler Muskel, der an seinem Ursprung ungefähr 2,5 cm breit ist, in
seinem weiteren Verlaufe bis zur Mitte stetig schmäler wird, dann aber an
Breite wieder zunimmt. Er entspringt am *Manubrium sterni* bis zum Ansatz
des unteren Randes der zweiten Rippe, und grenzt mit seinem oberen Rande
an den später zu beschreibenden *M. cephalo-brachialis*. Eine Strecke weit
sind beide Muskeln nur schwer von einander zu trennen, und die unteren
Enden beider hängen mit einander durch ligamentöse Verbindung zusammen.
Der Ansatz ist getheilt, so zwar, dass das grössere Faserbündel in die Fascie
der oberflächlichen Beugemuskel des Unterarmes übergeht, während ein ungleich kleineres, wie oben gesagt, mit dem Ansatz des *M. cephalo-brachialis*
in Verbindung tritt (cf. Fig. 1 am rechten Ellbogen).

Dass der *M. pectoralis I* bei seiner Contraction sich an der Beugung
des Unterarmes im Ellbogengelenk betheiligt, wurde bereits erwähnt.

Die den *M. pectoralis I* versorgenden Nerven kommen aus der VI.
und VII. Wurzel des Rückenmarks; sie sind mit denjenigen, welche den
M. pectoralis II innerviren, verbunden und treten mit diesen durch die Spalte,
welche zwischen *M. pectoralis III* und *IV* besteht (cf. Fig. 2). Verfolgt man
dieselben weiter in der Richtung nach dem centralen Ende, so verbinden sie sich
bald mit dem Nerven, welcher den *M. pectoralis III*, und endlich mit dem,
welcher den *M. pectoralis IV* versorgt. Alle diese Nerven kommen aus
den oben angegebenen Wurzeln (cf. Fig. 5, p. 1, 2, 3. 1). Die Nerven des
M. pectoralis I treten in fünf feinen Fäden auf der Innenfläche in den Muskel
ein; die drei distalen Fäden verlaufen noch eine Strecke weit oberflächlich
zum distalen Ende des Muskels. (Die Eintrittsstellen der Fäden sind in Fig 1
durch Punkte markirt.)

Die zweite Schicht des grossen Brustmuskels.

M. pectoralis II. (Fig. 1. *P II.*)

Miv.: *M. pectoralis (2).*
Str.-D.: *M. large-pectoral (Peau, chef).*

Die zweite Schicht wird gebildet vom *M. pectoralis II.* Dieser ist kürzer und breiter als der vorige, zeigt aber dieselbe Erscheinung, dass er in der Mitte schmäler ist als am Ursprung und Ansatz. *M. pectoralis II* entspringt ebenfalls am *Manubrium sterni,* ausserdem noch von der Fascie der vereinigten *MM. sternomastoidei.* Nach dem Kopfe zu überragt daher der Ursprung dieses Muskels den des vorigen, während der caudale Rand desselben mit dem des *M. pectoralis I* abschneidet (cf. Fig. 1). Er setzt an der lateralen Fläche des Oberarmknochens an, medial vom *M. brachialis anticus* und den *MM. deltoidei* und lateral vom *M. biceps brachii* und *M. pectoralis IV.* Der Ansatz beginnt etwas oberhalb der Grenze zwischen mittlerem und oberem Drittel und reicht bis zur oberen Grenze des unteren Drittels des Humerus (Fig. 3).

Ueber die Wirkung dieses Muskels wurde bereits pag. 180 das Nöthige gesagt.

Innervirt wird dieser Muskel wie der vorige, indem von der Innenfläche her, einen Finger breit vom Ursprung entfernt, der Nerv noch ungefähr 2 cm weit, gabelförmig in Aeste gespalten, der Innenfläche aufliegend dem distalen Ende zu verläuft (cf. Fig. 2). Der Nerv stammt aus der VI. und VII. Wurzel und tritt, wie bereits mitgetheilt, zusammen mit demjenigen des *M. pectoralis I* zwischen den beiden nächstfolgenden Muskeln durch.

Die dritte Schicht der MM. pectorales

wird gebildet:

A. Vom M. pectoralis III. (Fig. 3.)

Miv.: *M. pectoralis (5).*
Str.-D.: *M. large-pectoral (Ser. chef).*

Es ist dies der schmalste und kürzeste *MM. pectorales.* Derselbe liegt aber nicht, wie Mivart in seinem Buche „The Cat" behauptet, am weitesten nach vorne; dies ist vielmehr, wie aus den beigegebenen Figuren 2 und 3 ersichtlich ist, der *M. pectoralis II.* Der Ursprung des *M. pectoralis III* gehört theils dem vorderen Ende des *Manubrium sterni* an; die vordersten Faserbündel entspringen, wie wir das auch schon bei dem vorigen Muskel sahen, von der Fascie an der Aussenfläche der vereinigten *MM. sterno-mastoidei.* Das distale, sehnige Ende des Muskels umgreift das *Tuberculum maius*, um an der lateralen Fläche des Kopfes anzusetzen.

Der Nerv des *M. pectoralis III* kommt aus der VI. und VII. Wurzel des Rückenmarks und tritt ungefähr 1,5 cm vom Ursprung des Muskels am Sternum entfernt auf der Innenfläche an denselben heran; hier gehen einige Aeste direct in den Muskel ein, während der Hauptstamm noch eine Strecke weit auf der inneren Oberfläche des Muskels distalwärts verläuft, ehe er sich zwischen die einzelnen Bündel mit seinen Verzweigungen in die Tiefe senkt.

B. Vom M. pectoralis IV.

Myv.: *M. pectoralis (3).*

Str.-D.: *M. large-pectoral (Ser. chaf).*

Der 6—7 cm breite Ursprung dieses Muskels (Fig. 3) schliesst sich mit seinem oralen Rande direct an den caudalen des eben beschriebenen *M. pectoralis III* an und reicht medianwärts bis zur Mittellinie des Brustbeins (Fig. 1). Der Ursprung erstreckt sich bis zum Ansatz der V. Rippe am Sternum. Der Ansatz ist auch hier getheilt; der ungleich grössere Theil des Muskels setzt an der lateralen Fläche des Humerus an (cf. Fig. 3) medial von den *MM. deltoidei* und *M. pectoralis II,* lateral von *M. pectoralis I* (mit Ausnahme der vordersten Portion) und *M. biceps.*

Ein kleines Faserbündel trennt sich ungefähr in der Hälfte des Verlaufes am caudalen Rande von der Hauptmasse des Muskels ab, um neben dem *M. pectoralis I,* dem *M. triceps III* genähert, in die Fascie der oberflächlichen Beugemuskel des Unterarmes überzugehen (cf. Fig. 1. *P IV*).

Straus-Dürckheim fasst dieses schmale Muskelbündel als einen zweiten Kopf des *M. pecto-antébrachial* also unseres *M. pectoralis I* auf. Wegen des innigen Zusammenhanges dieses Muskelbündels mit dem *M. pectoralis IV* halte ich diese Anschauung für unrichtig.

Der *M. pectoralis IV* wird zunächst von einem starken Nerven versorgt, der ungefähr 1 cm vom oralen Rande und 1,5 cm von der Mittellinie des Sternum entfernt an den Muskel herantritt und in Aeste gespalten dem caudalen Rande zuzieht; er verläuft also senkrecht zur Faserrichtung. Dieser Nerv kommt zugleich mit den die *MM. pectorales I, II* und *III* versorgenden Nerven aus der VI. und VII. Wurzel des Rückenmarks.

Ferner tritt zwischen der ersten und dritten Portion des gleich zu beschreibenden *M. pectoralis V* ein Nerv hervor, der ebenfalls senkrecht zur Faserrichtung dieses Muskels zieht und einige Aeste an denselben abgiebt, während ein anderer Ast in den *M. pectoralis IV* ungefähr im Mittelpunkte des Muskels eintritt. Dieser Nerv kommt zugleich mit den Nerven des *M. pectoralis V* aus der VII. und VIII. Rückenmarkswurzel.

Straus-Dürckheim fasst die von mir als *M. pectoralis II, III* und *IV* bezeichneten Muskeln als einen einzigen auf, den er *M. large-pectoral* nennt. Ich habe alle drei Muskeln ohne grosse Mühe isoliren können und gefunden, dass ein jeder von diesen Muskeln seinen besonderen Ansatz und seinen besonderen Ursprung hat, wie es auf Fig. 3 dargestellt ist. Wenn auch die Ursprünge der *MM. pectorales III* und *IV* in einer Linie liegen, so spricht ausser der leicht ausführbaren Isolirung noch der Durchtritt der für die *MM. pectorales I* und *II* bestimmten Nerven an der Stelle, wo beide Muskeln zusammenstossen, dagegen, diese als einen einzigen Muskel anzusehen.

Die vierte Schicht der MM. pectorales

bildet:

M. pectoralis V (Fig. 4)

Miv.: *M. pectoralis* (4)

Str.-D.: *M. sterno-trochiterieu*

besteht aus drei Portionen.

Die erste Portion (cf. Fig. 4, *PV, I*) an ihrem medialen Ende, der Ursprungsstelle, ungefähr 7 cm breit, entspringt von der Mittellinie des Sternum, und zwar von der Mitte des zweiten Intercostalraumes bis zum Ansatz der siebenten Rippe und den zugehörigen Rippenknorpeln. Gegen das distale Ende hin nimmt der Muskel an Breite ab, an Dicke dagegen zu. In ihrem ganzen Verlaufe ist diese Portion an ihrem caudalen Rande dicker als am oralen. Sie setzt mit einer kaum 1 cm breiten Sehne am Humeruskopfe medial vom *Tuberculum maius* an.

Straus-Dürckheim legt diesem Muskel den oben angeführten, besonderen Namen: *M. sterno-trochitérien* bei. Dies scheint mir unbegründet zu sein, insofern Ursprung, Wirkung und Innervationsverhältnisse ihn als einen „*M. pectoralis*" kennzeichnen.

Der Ursprung der zweiten Portion, welche Straus-Dürckheim: le premier chef du grand-pectoral nennt, ist nicht ganz so breit wie derjenige des vorher beschriebenen Muskels, schliesst sich aber unmittelbar an diesen an und reicht ungefähr bis zum *Process. cusiformis* des Sternum. Auch in ihrem weiteren Verlaufe liegen die beiden Muskelportionen so eng aneinander, dass man einen einzigen Muskel vor sich zu haben glaubt. Diese Portion hat die Eigenthümlichkeit, dass sie der Länge nach so zusammengeklappt ist, dass man durch geeignete Präparation, wie beim *M. pectoralis maior* des Menschen, an ihr eine nach dem Halse zu offene Tasche darstellen kann, wie aus Fig. 4. *IV, 2* zu ersehen ist. Der mittlere Theil der Sehne dieses Muskels inserirt an der vorderen Kante des Oberarmknochens; die oral gelegenen Sehnenfasern sind mit der Sehne eines Theiles des Hautmuskels vereinigt und verlieren sich, ebenso wie die gegen das distale Ende des Oberarmknochens gerichteten, in der Fascie des *M. biceps*. Mit den distal am Oberarm inserirenden Muskelfasern verbindet sich an der Stelle, wo sie in die Sehne übergehen, ein Theil der Sehne des *M. cutaneus maximus* und des *latissimus dorsi*. Diese drei Muskeln zusammen bilden die untere Begrenzung der Achselhöhle. Zu dem Gefäss- und Nervenbündel des Oberarmes liegen die sehnigen Enden des von mir behandelten Pectoralisabschnittes, des *M. latissimus dorsi* und des *M. cutaneus maximus* so, dass sie einen Bogen über der vorderen Fläche der Gefässe und Nerven herstellen, von dem nach abwärts die mediale Portion des *M. triceps brachii* ausgeht.

Unter diesen eben beschriebenen Portionen des *M. pectoralis V*, und zwar unter ihrer Berührungsstelle am Sternum und auf den Rippen, liegt die dritte Portion, welche ihres Ursprunges wegen eine besondere, fünfte Schicht darstellen würde, deren Ansatz am Humerus aber zwischen den ersten beiden Portionen liegt. Der Ursprung ist ungefähr 3 cm breit und liegt, wie oben erwähnt, unter dem der ersten und zweiten Portion; er nimmt die Strecke von der Mitte des fünften Intercostalraumes bis zu der des siebenten ein. Diese Portion wird ebenfalls gegen das distale Ende hin immer schmäler und ist in halber Länge ihres Verlaufes kaum 0,5 cm breit. Sie zeigt die eigenthümliche Erscheinung, dass sie 180° um ihre Axe gedreht ist, d. h. die Fläche, welche am Ursprung nach aussen liegt, ist an der Ansatzstelle Innenfläche. Sie setzt lateral vom Rande des *M. biceps* an der vorderen Seite des Humeruskopfes an.

Innervirt wird die erste Portion auf der Innenfläche ungefähr in ihrer Mitte von einem ziemlich starken Nervenstamm, der aus der VII. und VIII. Wurzel des Rückenmarkes entspringt und noch vor seinem Eintritt in den Muskel sich in Aeste spaltet, die theils dem proximalen, theils dem distalen Ende des Muskels zugerichtet sind (Fig. 5, *pV, 1*).

Die zweite und dritte Portion werden in der Art mit Nerven versorgt, dass ein Stamm, der sich ebenfalls aus der VII. und VIII. Wurzel zusammensetzt, vor der Mitte des vorderen Randes der dritten Portion hervortritt, quer über diese Portion gegen den hinteren Rand zieht, dabei mehrere Aeste in diesen Muskel abgiebt und dann an zwei, ungefähr 1 cm von einander entfernt liegenden Stellen auf der Innenseite der zweiten Portion in der Nähe des vorderen Muskelrandes eintritt (Fig. 5, *pV, 2 und 3*).

Dieser Nerv giebt, wie pag. 183 angedeutet wurde, einen Ast an den *M. pectoralis IV* ab.

Von den Muskeln, welche die Schulter und den Oberarm bedecken, ist der oberflächlichste:

Der M. cephalo-brachialis (Fig. 1 und 6, *Cb*).

Miv.: *M. cephalo-humeral.*
Str.-D.: *M. clavo-cucullaris* und
M. delto-clavicularis.

Es ist dies ein langer Muskel, der seinen Ursprung nimmt vom Hinterhaupt und der Fascie in der Mitte des Nackens. An seinem oberen Ende ist er ungefähr 4 cm breit und zieht, an Breite stetig abnehmend, indem die oberflächlichen Fasern in die Fascie des Muskels übergehen, während die tieferen zum Ellbogen vordringen, nach abwärts, um mit einer kaum 0,5 cm breiten Sehne am *Proc. coronoideus ulnae* zu inseriren (Fig. 1, *Cb*).

Der *M. cephalo-brachialis* grenzt an seinem Ursprunge mit seinem hinteren Rande an die vordere Portion des *M. trapezius* und bedeckt in seinem weiteren Verlaufe den *M. levator scapulae*, die zweite Portion des *M. deltoideus* zum Theil, die ganze vordere Fläche des Oberarmknochens und damit die Ansätze der verschiedenen *MM. pectorales* an diesem Knochen, ferner die Clavicula, den *M. biceps* und den *M. brachialis anticus*.

Von dem medialen Ende der Clavicula, die in Form eines in die Breite gezogenen Hufeisens mit der Concavität dem Kopfe zu, im *M. cephalo-brachialis* liegt, — die äusseren Muskelfasern ziehen über die Clavicula hinweg —, zieht ein schmales Muskelbündel der Mittellinie des Halses zu, um an dem lateralen Rande des *M. sterno-mastoideus* anzusetzen.

Straus-Dürckheim scheint nicht bemerkt zu haben, dass die oberflächlichen Fasern ununterbrochen über die Clavicula hinwegziehen. Er lässt vielmehr seinen *M. clava-cucullaire*, der dem oberen Theile unseres *M. cephalo-brachialis* entspricht, wie schon in der Bezeichnung liegt, an der Clavicula enden und betrachtet das von der Clavicula sich zum Unterarme hinziehende Stück als einen besonderen Muskel, den er *M. delto-claviculaire* nennt.

Der *M. cephalo-brachialis* ist zunächst mit dem später zu beschreibenden *M. levator claviculae* durch dessen Ansatz an diesem Knochen verbunden; ferner vereinigt sich das untere Ende desselben mit dem Ansatze des *M. pectoralis I* und bildet mit ihm einen Bogen, der die Sehne des *M. biceps* überspannt und in die Fascie des Vorderarmes übergeht (cf. Fig. 1); sodann tritt der *M. cephalo-brachialis* mit der Sehne des *M. brachialis anticus* in Verbindung und endet demgemäss am *Proc. coronoideus ulnae* (Fig. 1).

Die Innervationsverhältnisse des *M. cephalo-brachialis* liegen folgendermaassen:

In seinem oberen Theile, drei bis vier Centimeter vom Ursprunge entfernt, wird er vom *N. accessorius Willisii* innervirt, der, in fünf oder sechs Aeste gespalten, ganz nahe am vorderen Rande auf der Innenfläche in den Muskel eintritt.

Ausserdem treten in der Höhe von zwei bis vier Centimeter über der Clavicula zwei Halsnerven in den *M. cephalo-brachialis* ein, welche zuvor den lateralen Rand des *M. levator claviculae* von der Innen- zur Aussenfläche umgreifen; der obere derselben giebt vor seinem Eintritte noch einen Ast an den *M. levator scapulae* ab.

Auch aus dem *Plexus brachialis* wird der *M. cephalo-brachialis* durch zwei Nerven versorgt: der eine derselben, der *N. circumflexus humeri*, stammt aus der VI. und VII. Wurzel des Rückenmarkes und biegt zunächst zwischen dem axillaren Rande der Scapula und dem oberen Rande der Sehne der vereinigten *MM. teres maior* und *latissimus dorsi*, sodann zwischen der ersten und vierten Portion des *M. extensorius brachii* einerseits und der zweiten Portion anderseits durch und theilt sich hier in drei grössere und einige feinere Aeste (cf. Fig. 5, cf. Von den grösseren Aesten biegen zwei nach aufwärts zu den *MM. deltoidei I* und *II*, während der dritte zuerst an der lateralen Seite des Ursprunges des *M. extensorius brachii I*, dann zwischen den *MM. deltoidei I* und *II* und der lateralen Humerusfläche seinen Weg nimmt. So kommt er dicht unterhalb des Humeruskopfes zum Vorschein und tritt mit drei Fäden in den Muskel ein. Die feineren Aeste dieses Nerven, welche wir eben erwähnten, ziehen nach abwärts, um in die erste und zweite Portion des *M. extensorius brachii* einzudringen. (Der *N. circumflexus humeri* ist auf Fig. 1 am rechten *M. cephalo-brachialis* dargestellt.)

Ein anderer, nicht so starker Nerv des *M. cephalo-brachialis* stammt aus der VII. Wurzel des Rückenmarkes allein (cf. Fig. 5, ch). Dieser Nerv nimmt seinen Weg über den *M. supraspinatus* und tritt ohne vorherige Verzweigung unweit des lateralen Endes der Clavicula in den Muskel ein.

Der *M. cephalo-brachialis* unterstützt die Wirkung des *MM. biceps* und *brachialis anticus*, beugt also den Vorderarm gegen den Oberarm; bei fixirtem Ellbogengelenk hebt er den ganzen Arm.

Der **M. trapezius** (Fig. 6)

Miv.: *M. trapezius*
Str.-D.: *M. acromio-cucullaire* und
M. dorso-cucullaire

besteht aus zwei Portionen:

a. Die Nackenportion (Str.-D.: *M. acromio-cucullaire*) nimmt ihren Ursprung von der Mittellinie des Nackens und geht hier grösstentheils in den entsprechenden Muskel der anderen Seite über. Sie grenzt an den hinteren Rand des eben beschriebenen *M. cephalo-brachialis*. Das obere Ende dieser Portion zeigt die Eigenthümlichkeit, dass die Sehne gegen den hinteren Rand des Muskels hin an Breite immer mehr zunimmt. Der Ursprung ist ungefähr

27*

acht Centimeter breit, gegen den Ansatz hin, der sich vom Metacromion bis ungefähr zum hinteren Viertel der *Spina scapulae* erstreckt, verschmälert sich der Muskel (Fig. 6 und Fig. 7, *T 1*).

b. Die Rückenportion (Str.-D.; *M. dorso-cucullaire*) stellt einen noch breiteren, ebenfalls sehr dünnen Muskel dar; sie entspringt von den Dornfortsätzen des zweiten bis zwölften Brustwirbels und den *Lig. interspinalia* (nach Straus-Dürckheim reicht der Ursprung bis auf den zweiten Lendenwirbel). Der Ansatz ist auch hier viel schmäler als das obere Ende, die Muskelfasern convergiren demnach gegen den ersteren. Derselbe wird zum Theil von der Nackenportion bedeckt, zum Theil liegt er frei, er geht in die Fascie des *M. deltoideus I.* in die der Nackenportion und des *M. supra-* und *infraspinatus* über (Fig. 6, *T2*).

Der *M. trapezius* wird in der Weise innervirt, dass der Nackentheil ungefähr 2,5 cm vom vorderen Muskelrande entfernt, in der Hälfte der Länge auf der Innenfläche einen Ast des *N. accessorius Willisii* erhält, der alsdann, zum Theil der *Spina scapulae* parallel, dem hinteren Muskelrande zuzieht, unterdessen noch einige feine Faden an die vordere Portion abgiebt, um schliesslich am hinteren Winkel der Scapula in die Rückenportion einzudringen.

Abgesehen von kleinen Nervenstämmchen, die in der Nähe der Mittellinie des Rückens auf der Innenfläche eintreten, wird die Rückenportion noch von einem stärkeren Nerven versorgt, der unterhalb des hinteren Winkels des Schulterblattes zwischen den Fasern des *M. latissimus dorsi* zum Vorschein kommt und in einer Entfernung von 1 cm vom lateralen Rande unweit vom Ursprunge in den Muskel eindringt.

Mit dem Nackentheile des eben beschriebenen *M. trapezius*, und zwar mit dem Ansatze derselben, ist auf der Strecke von ungefähr 3 cm ein Muskel verbunden, der vom Querfortsatze des Atlas entspringt und am Metacromion ansetzt. Es ist dies

der M. levator scapulae (Fig. 7, *L s*).

Mv.: *M. levator scapulae.*
Str.-D.: *M. transverso-scapulaire.*

Dieser Muskel wird in der Nähe seines Ursprunges von einem Aste des *N. accessorius Willisii* innervirt, erhält aber etwas oberhalb seiner halben

Länge noch einen Ast des schon bei Beschreibung des *M. cephalo-brachialis* erwähnten Halsnerven.

M. trapezius und *M. levator scapulae* wirken zusammen, indem sie das Schulterblatt der Mittellinie des Rückens nähern; wirkt letzterer allein, so wird der vordere Theil der Scapula gehoben.

Direct unter dem oberen Theile des *M. cephalo-brachialis* liegt der

M. levator claviculae (Fig. 7, *Lcl*).

Miv.: *M. levator claviculae.*
Str.-D.: *M. cleido-mastoideus.*

Er entspringt als ein dünner, rundlicher Muskel, wie ich an mehreren Präparaten constatiren konnte, vom *Proc. mastoideus*, nicht, wie Mivart irrthümlicher Weise behauptet, vom *Proc. transversus* des Atlas (cf. Mivart: „The Cat", pag. 148). Er wird in seinem Verlaufe immer breiter und dünner und endet an der Clavicula (cf. Fig. 7).

Dieser Muskel wird von einem Aste des *N. accessorius Willisii* innervirt, welcher ungefähr 1 cm vom Ursprunge des Muskels, gleich weit von den Rändern entfernt, auf der Innenfläche eintritt.

Der *M. levator claviculae* hebt naturgemäss bei seiner Contraction die Clavicula, er wirkt also in derselben Richtung und in ähnlicher Weise wie der *M. cephalo-brachialis*, mit dem Unterschiede, dass die Angriffspunkte verschieden sind.

Straus-Dürckheim weist darauf hin, man könne diesen Muskel als einen zweiten Kopf des *M. cephalo-brachialis* ansehen. Dies erklärt sich wohl hauptsächlich aus dem Umstande, dass er irrthümlicher Weise diesen Muskel während seines Verlaufes mit der Clavicula verschmelzen lässt.

Der M. deltoideus (Fig. 7)

Miv.: *M. deltoideus*
Str.-D.: *M. delto-spinal* und
M. delto-acromial

besteht nach Mivart aus drei Portionen:

a. Die erste Portion (Str.-D.: *M. delto-spinal*) (cf. Figuren 6 und 7. *Dh*) entspringt von der *Spina scapulae*, und zwar nimmt der Ursprung das hintere Viertel ein und grenzt nach vorn an den Ansatz der vorderen Portion des

M. trapezius (cf. Fig. 8, *D I*). Die am meisten nach hinten gelegenen Fasern entspringen von der Fascie des unter ihm liegenden *M. infraspinatus*. In den analwärts gelegenen Theil der Fascie dieses Muskels verliert sich der Rückentheil des *M. trapezius*. Der *M. deltoideus I* zieht schräg nach vorn und unten, um mit der zweiten Portion gemeinschaftlich am Humerus anzusetzen.

b. Die zweite Portion des *M. deltoideus* (Str.-D.; *delto-acromial*) entspringt vom Acromion und Metacromion des Schulterblattes und nimmt den vordersten Theil des Ansatzes des *M. levator-scapulae* in seine Fasern auf (cf. Fig. 7). Wie schon bemerkt, vereinigt sich die zweite Portion des *M. deltoideus* mit der ersten und setzt einen Finger breit unterhalb des Kopfes an der lateralen Fläche des Oberarmknochens an; der Ansatz erstreckt sich ungefähr bis zur Grenze zwischen mittlerem und oberem Drittel. Am unteren Theile des Ansatzes gehen die Fasern direct in die des später zu beschreibenden *M. brachialis anticus* über (cf. Fig. 8).

c. Als dritte Portion des *M. deltoideus* fasst Mivart einen Muskel auf, der von der Clavicula ausgeht und während seines Verlaufes mit dem *M. cephalo-brachialis* verschmilzt. Der *M. cephalo-brachialis* zieht mit seinen oberflächlichen Fasern ununterbrochen über die äussere Fläche der Clavicula hinweg und verschmilzt dann abwärts von dieser mit dem oben bezeichneten *M. deltoideus III*, um mit ihm gemeinschaftlich am *Proc. coronoideus ulnae* anzusetzen.

In Betreff des *M. levator claviculae* wäre hier nachzutragen, dass er mit dem *M. deltoideus III* Mivart's in ein System gehört, da beide nur durch die Clavicula getrennt werden.

Da aber die Mivart'sche dritte Portion des *M. deltoideus* weder Ursprung noch Ansatz noch Wirkungsweise mit den beiden anderen Portionen des *M. deltoideus* gemein hat, so wird man diese Bezeichnung fallen lassen und den Muskel *Clavicula-brachialis*, ebenso wie den Mivart'schen *M. cephalo-humeralis: M. cephalo-brachialis* nennen, da beide Muskeln nur am Vorderarm, und zwar in der *Fascia antibrachii* und am *Proc. coronoideus ulnae*, enden.

Der *M. deltoideus I* wird an seinem oberen Rande, ganz in der Nähe seines Ursprunges von der *Spina scapulae*, von einem Nervenast versorgt, der von unten um den axillaren Rand des Schulterblattes herumbiegt.

Die zweite Portion des *M. deltoideus* wird ungefähr einen Finger breit von ihrem Ursprung in der Mitte der Innenfläche innervirt.

Die die beiden Muskeln versorgenden Nerven sind Aeste des bereits bei Gelegenheit der Beschreibung des *M. cephalo-brachialis* erwähnten Nervenstammes, des *N. circumflexus humeri*, von welchem sie zwischen erster und zweiter Portion des *M. extensorius brachii* abgeben; sie stammen also aus der VI. und VII. Wurzel des Rückenmarkes. *M. clavicula-brachialis* wird gleichzeitig mit dem *M. cephalo-brachialis* von den unterhalb der Clavicula eintretenden, aus dem *Plexus brachialis* kommenden Nerven versorgt.

Die Wirkung der beiden *M. deltoidei* deckt sich mit der des gleichnamigen Muskels beim Menschen und besteht in der Erhebung des Armes. Die Wirkung des *M. clavicula-brachialis* fällt naturgemäss mit der des *M. cephalo-brachialis* zusammen.

Der **M. supraspinatus** (cf. Fig. 7, 8. 9, *Ss*)
Miv.: *M. supra-spinatus*
Str.-D.: *Sus-épineus*

stellt einen halbmondförmigen Muskel dar, der die gleichnamige Fossa des Schulterblattes einnimmt: er entspringt von der ganzen Oberfläche der *Fossa supraspinata*, der kopfwärts gerichteten Seite der Spina, dem vorderen Rand der Scapula und dem Acromion und setzt am oberen Rande des *Tuberculum maius* an. Der Muskel ist grösser als die entsprechende Fossa der Scapula und so wird der vordere Rand des Knochens vom Muskel vollständig eingehüllt.

Daher kann auch der zugehörige Nerv aus der VI. Wurzel des Rückenmarkes (cf. Fig. 5, *Ss*), der vor seinem Eintritt in den Muskel keine anderweitigen Anastomosen eingeht, direct über den vorderen Schulterblattrand in den überstehenden Theil der proximalen Hälfte des Muskels an der dem Rumpfe zugekehrten Fläche eintreten.

Die *MM. supraspinatus, infraspinatus* und *teres minor* sind Auswärtsdreher des Armes; wirken sie zugleich mit ihren Antagonisten, den *MM. teres maior* und *subscapularis*, so wird der Oberarm zurückgezogen.

Der **M. infraspinatus** (cf. Fig. 8, 9, *Js*)
Miv.: *M. infra-spinatus*
Str.-D.: *M. sous-épineux*

füllt die gleichnamige Fossa des Schulterblattes aus; er ist kleiner als der *M. supraspinatus*: das Grössenverhältniss der beiden Muskeln ist also gerade

umgekehrt wie das der entsprechenden Muskel beim Menschen. Der M. infraspinatus entspringt vom Acromion, Metacromion, der caudalen Seite der Spina
und dem dorsalen und axillaren Rande des Schulterblattes. An dem Winkel,
der von den letztgenannten Rändern gebildet wird, geht in die Fascie dieses
Muskels die hintere Portion des M. trapezius über, auch geht ein Theil des
M. deltoideus I von dieser Fascie aus. Er setzt über dem später zu beschreibenden M. teres minor am Tuberculum maius des Oberarmknochens an.
    Dieser Muskel wird von demselben Nerven versorgt, wie der vorher-
gehende. Der Nerv giebt nämlich, im M. supraspinatus angelangt, einen Ast
ab, der an der Aussenfläche der Scapula durch den zwischen Acromion und
dem gewulsteten Rande der Cavitas glenoidalis bestehenden Einschnitt zum
M. infraspinatus herabsteigt; er dringt auf der von der Spina scapulae bedeckten Fläche des Muskels ein.

Der M. teres maior

Miv : M. teres maior (Fig. 8)

Str.-D.: M. teris

entspringt vom axillaren Rande der Scapula, vom hinteren Schulterblattwinkel
beginnend, bis zur Grenze des mittleren und oberen Drittels dieses Randes
hin. Er setzt, ebenso wie beim Menschen, vereinigt mit der Sehne des
M. latissimus dorsi unterhalb des Tuberculum minus an der medialen Fläche
des Humerus an. Auf dem Querschnitt, den man in der Hälfte durch den
Muskel legt, zeigt derselbe die Form eines Dreieckes; von den drei Flächen,
die den Seiten dieses Dreieckes entsprechen, liegen zwei frei, die eine gegen
den Rumpf, die andere gegen den Arm gerichtet; die dritte Fläche legt sich
an den M. subscapularis an.
    Der M. teres maior wirkt mit dem M. subscapularis zusammen bei der
Einwärtsdrehung des Armes.

Der M. teres minor

Miv.: M. teres minor

Str.-D.: Mionstal

nimmt seinen Ursprung von dem unteren Drittel des axillaren Randes des
Schulterblattes, und setzt am Tuberculum maius an, dicht unterhalb der
Insertion des M. infraspinatus. Die medialen Fasern gehen an die hintere

Partie der Gelenkkapsel des Schulter-Oberarmgelenkes und haben nach Straus-Dürckheim die Function eines Spanners dieser Kapsel.

Die Nerven, welche den *M. teres minor* und *M. teres maior* versorgen, kommen aus der VI. und VII. Wurzel des Rückenmarkes (cf. Fig. 5, tm_1 [*maior*] und tm_2 [*minor*]) geben untereinander und mit dem pag. 187 erwähnten Nerven des *M. cephalo-brachialis*, dem *N. circumflexus humeri*, Anastomosen ein und innerviren beide die zugehörigen Muskel ungefähr in der Mitte auf der Innenfläche.

Der *M. teres minor* erhält ausserdem noch einen feinen Ast von dem den *M. subscapularis* versorgenden Nerven, der aus der VI. und VII. Wurzel des Rückenmarkes stammt (cf. Fig. V, *Sp*).

Der **M. biceps brachii**

Miv.: *M. biceps*

Str.-D.: *Biceps*

bildet einen spindelförmigen, gegen den Oberarmknochen etwas abgeplatteten Muskel, der die ganze Länge der medialen Fläche des Humerus einnimmt und auf den dem Körper und dem Knochen zugewandten Seiten prächtige Sehnenspiegel aufweist, die über drei Viertel des Muskels bedecken. Man findet seinen Ursprung am oberen Rande der *Fossa glenoidalis* des Schulterblattes und kann ihn, ganz analog den Verhältnissen beim Menschen, durch die Gelenkkapsel, durch den *Sulcus intertubercularis s. bicipitalis* weiter distalwärts verfolgen. Im *Sulcus bicipitalis* wird er durch ein straffes Band überbrückt, zwischen diesem und dem Muskel findet sich ein Schleimbeutel.

Der *M. biceps* hat also bei der Katze nur einen Ursprung, der dem langen Kopf des gleichnamigen Muskels beim Menschen entspricht. In Bezug auf Verlauf, Innervation, Ansatz und Wirkung entspricht er aber dem *M. biceps brachii* des Menschen, weshalb man auch wohl den für die Katze unzutreffenden Namen beibehalten hat.

Das untere Ende des *M. biceps* geht unter dem Bogen her, welcher von den vereinigten Sehnen der *MM. cephalo-brachialis* und *pectoralis I* gebildet wird (Fig. 1) und setzt an der *Tuberositas radii* an, welche bei der Katze nicht so ausgeprägt ist wie beim Menschen.

Die medial gelegenen Muskelfasern des Ansatzes verlieren sich in die Fascie der dem Rumpfe zunächst liegenden, oberflächlichen Beugemuskel des Vorderarmes, dieser Theil würde also dem *Lacertus fibrosus* beim Menschen entsprechen.

Der *M. biceps* supinirt den pronirten Vorderarm, dann beugt er ihn.

Der *M. biceps* erhält seinen Nerven vom *N. musculo-cutaneus* an der Grenze des mittleren und oberen Drittels auf der medialen Fläche. Derselbe stammte an einem meiner Präparate scheinbar nur aus der VI. Wurzel des Rückenmarkes; bei genauerer Präparation zeigte sich aber, dass an der betreffenden Stelle die Nerven für den Brustmuskel und die Beugemuskel des Armes Fasern austauschten, so dass von der VI. Wurzel zur VII. und umgekehrt Fasern in die Nerven zu den *MM. pectorales* und dem *M. biceps* ziehen. Ziemlich nahe an den Wurzeln des Rückenmarkes trennt sich vom *N. musculo-cutaneus* ein Ast ab, der zu dem *M. coraco* geht (Fig. 5, 5c), etwas später geht ein anderer Ast ab, der den *M. coraco-brachialis* innervirt (Fig. 5, 6rt), ein dritter Ast versorgt den *M. biceps* (Fig. 5, 6), ein vierter dringt in den *M. brachialis anticus* ein (Fig. 5, 6a), der letzte endlich verliert sich in der Fascie der radialen Seite des Unterarmes (cf. Fig. 5, 6t).

An einem anderen Präparate zeigte sich ohne Weiteres, dass der *N. musculo-cutaneus* aus der VI. und VII. Wurzel des Rückenmarkes Fasern erhielt; von der Vereinigungsstelle dieser Fasern zog der eine Nerv nach dem *M. biceps*, der andere nach dem *M. brachialis anticus*. Die mikroskopische Untersuchung ergab, dass an der oben bezeichneten Stelle nicht nur ein Contact beider Nerven, nicht allein eine gemeinsame Umhüllung von Neurilem, sondern ein inniger Zusammenhang, ein gegenseitiger Austausch der aus beiden Wurzeln kommenden Fasern besteht, dass also sowohl der den *M. biceps* versorgende Nerv wie derjenige, welcher zum *M. brachialis anticus* und zur Unterarmfascie zieht, Fasern aus beiden Wurzeln erhält (cf. Fig. 5a).

Fig. 5b ist eine schematische Darstellung des mikroskopischen Bildes der oben bezeichneten Vereinigungsstelle.

Das mikroskopische Präparat wurde in der Art angefertigt, dass wir zunächst die bezeichnete Vereinigungsstelle der in Frage kommenden Nerven, wie sie in Fig. 5a dargestellt ist, abgeschnitten, mit Nadeln auf einem glatten Stückchen Kork befestigten und, nachdem wir die proximalen und distalen

Enden der Nerven bezeichnet hatten, das Präparat eine Stunde lang in Flemming'sche Lösung brachten. Darauf wurde dasselbe während 24 Stunden ausgewaschen und in ein verschlossenes Gefäss mit 30 procentigem Alkohol gelegt. Der Alkohol wurde dann in regelmässigen Zwischenräumen durch 50-, 70-, 80-, 90-, 96 procentigen und endlich absoluten Alkohol ersetzt, in welch' letzterem das Präparat 12 Stunden verblieb; darauf wurde es 15 Minuten lang in eine Mischung von absolutem Alkohol und Aether gebracht, dann in einem verschlossenen Gefäss in Collodium duplex aufbewahrt und endlich in Celloidin. Nach fünf Tagen hatte das Präparat die zum Schneiden nöthige Härte erlangt. Die Schnitte wurden parallel dem Verlaufe der Nervenfasern angelegt.

Der M. subscapularis

Mv.: *M. subscapulaire*

Str.-D: *Sous-scapulaire*

hat dieselbe Form wie das Schulterblatt, also die eines Dreieckes, und nimmt, wie beim Menschen, die innere Fläche dieses Knochens ein. Er entspringt von dieser Fläche und den Rändern der Scapula, seine Fasern convergiren vom oberen Rande gegen das Schultergelenk. Je mehr der Muskel sich diesem nähert, um so mehr nimmt er an Dicke zu und wölbt sich über die Knochenfläche vor. Am vorderen Rande grenzt er an den *M. supraspinatus*, am axillaren Rande an den *M. teres maior* und *M. teres minor*. Er setzt am *Tuberculum minus* und an der Kapsel des Schultergelenkes an.

Straus-Dürckheim macht darauf aufmerksam, dass die Sehne dieses Muskels durch ihre Verwachsung mit der Gelenkkapsel diese verhindert, bei Bewegungen des Gelenkes zwischen den Gelenkflächen eingeklemmt zu werden.

Der *M. subscapularis* erhält zwei Nerven; der eine kommt lediglich aus der VI. Wurzel des Rückenmarks, geht also keine Anastomosen mit anderen Nerven ein (cf. Fig. 5 *Sp₁*). Dieser Nerv tritt ungefähr 1 cm von der *Cavitas glenoidalis* und eben so weit von den hier endigenden Rändern des Schulterblattes entfernt in den Muskel ein. Der zweite Nerv erhält seine Fasern aus der VI. und VII. Wurzel des Rückenmarks (cf. Fig. 5, *Sp*). Dieser Nerv erreicht den *M. subscapularis* ebenfalls in einer Entfernung von 1 cm von der *Cavitas glenoidalis*, aber an der den *M. teres minor* berührenden

Fläche. Vor seinem Eintritt giebt er noch einen feinen Ast an den letztgenannten Muskel ab.

Der *M. subscapularis* wirkt mit dem *M. teres maior* zusammen bei der Drehung des Armes nach einwärts.

Der M. coraco-brachialis

Miv.: *M. coraco-brachialis*

ist ein sehr kleiner Muskel; seine Länge beträgt ungefähr 1 cm, seine Breite nicht ganz 0,5 cm. Er entspringt, wie schon der Name andeutet, am *Proc. coracoideus* des Schulterblattes und zieht schräg nach unten und innen, um über dem oberen Rande der Sehne der vereinigten *MM. latissimus dorsi* und *teres maior* und unterhalb der Sehne des *M. teres minor* an der medialen Fläche des Humerus anzusetzen.

Nach Strauss-Dürckheim hat der Muskel zwei Köpfe, von denen der eine oft gänzlich fehlt; ich habe ihn an keinem meiner Präparate gesehen.

Dieser Muskel wird innervirt in der Mitte der hinteren Kante von einem feinen Aestchen des schon mehrfach erwähnten *N. musculo-cutaneus* (Fig. 5, *c br*), also aus der VI. und VII. Wurzel des Rückenmarks.

Der *M. coraco-brachialis* zieht den Oberarm auf- und vorwärts.

Der M. brachialis anticus

Miv.: *M. brachialis anticus*

Str.-D.: *Brachial*

liegt an der lateralen Fläche des Oberarmknochens und bildet so mit dem oberhalb gelegenen gemeinschaftlichen Ansatz der *MM. deltoideus I* und *II* die laterale Begrenzung der an der vorderen Kante des Humerus ansetzenden Brustmuskel, wie der *M. biceps* die mediale Begrenzung darstellt. Der *M. brachialis anticus* selbst grenzt lateralwärts an den *M. supinator longus* und den Rand des später zu beschreibenden *M. extensorius I*. Sein Ursprung nimmt fast drei Viertel der lateralen Fläche des Oberarmknochens ein und beginnt unmittelbar unterhalb der Ansatzstelle des *M. teres minor*. Der oberste Theil entspringt von der Fascie der ersten Portion des *M. extensorius*. Die oberflächlichen Fasern des *M. deltoideus I* gehen direct in diejenigen des *M. brachialis anticus* über (cf. Figuren 8 und 9, *Ba*).

An seinem unteren Ende verbindet sich der *M. brachialis anticus* mit dem einen Theile der Sehne des *M. cephalo-brachialis* und setzt mit demselben am *Proc. coronoideus ulnae* und an der medialen Seite dieses Knochens an.

Dieser Muskel liegt beim Menschen viel mehr medialwärts und mehr verdeckt als bei der Katze; daher empfiehlt es sich, denselben bei der Katze nicht *M. brachialis internus*, sondern *anticus* zu nennen, wie es Mivart gethan hat.

Der *M. brachialis anticus* wird versorgt von dem aus der VI. und VII. Wurzel des Rückenmarks kommenden *N. musculo-cutaneus*, der nach Abgabe des den *M. scalenus*, *M. coraco-brachialis* und den *M. biceps* versehenden Astes diesem Muskel entlang läuft, und zwar an seinem medialen Rande, und ungefähr in der Hälfte in den *M. brachialis anticus* eindringt: zum grossen Theil zieht er, wie schon früher erwähnt, zur Fascie des Vorderarmes weiter.

In einigen Fällen ist beobachtet worden, dass der *M. brachialis anticus* auch einen Ast vom *N. radialis* empfing, und zwar von dem pag. 199 erwähnten Muskelast des *N. radialis*, der zugleich den *M. supinator longus* versieht und bei der Katze lateral von *M. brachialis anticus* und *M. supinator longus* in die Tiefe dringt (cf. Fig. 9). Beim Menschen liegen die Verhältnisse derart, dass der Muskelast des *N. radialis* seinen Weg zwischen *M. brachialis anticus s. internus* und dem Ursprunge des *M. supinator longus* nimmt. Auch beim Menschen werden beide Muskeln von dem genannten Nerven versorgt.

Wollte man nun die Innervationsverhältnisse der *M.M. supinator longus* und *brachialis internus* des Menschen zur Beurtheilung dieser Muskeln bei der Katze zu Grunde legen, so dürfte man den „Supinator longus“ bezeichneten Muskel bei der Katze als einen Theil des *M. brachialis anticus* ansehen; damit würde auch der verhältnissmässig hohe Ursprung am Humerus und die Faserrichtung des *M. supinator longus* übereinstimmen.

Umgekehrt kann man aber auch die bei der Katze obwaltenden Verhältnisse geltend machen zur Beurtheilung derselben Muskeln am Menschen, und darf dann wohl den *M. supinator longus* des Menschen als einen Theil des *M. extensor carpi radialis* ansehen, dessen Ansatz und Ursprung nur eine höhere Lage an der Extremität einnehmen.

Diese Betrachtungen gründen sich, wie oben schon angedeutet, nicht allein auf die Versorgung des *M. brachialis internus* des Menschen durch einen Zweig des *N. radialis*, sondern wesentlich auf die verschiedene Lage des *N. radialis* zum Supinator oder Brachioradialis (Gegenbaur) des Menschen und der Katze. Beim Menschen liegt der *N. radialis* axial zum *M. brachioradialis*, bei der Katze dagegen lateral zum *M. supinator longus* und axial zum *M. extensor corpi radialis*.

Der M. extensorius brachii

Miv.: *M triceps*

Str.-D.: *Triceps-externe, interne, magna*

setzt sich aus folgenden fünf Portionen zusammen:

a. Die erste Portion (Str.-D.: *Triceps-externe*) bildet den mittleren Theil der lateralen Seite des Oberarmes und stellt einen dreikantigen, gegen den Ursprung hin spitz zulaufenden, gegen den Ansatz hin sich abplattenden starken Muskel dar. Derselbe zieht schräg von oben und vorn nach unten und hinten und entspringt dicht unterhalb der Insertion des *M. teres minor* vom *Tuberculum maius* und dessen Spina. Der kleine, aber deutliche Sehnenspiegel, den man am oberen Ende gewahrt, setzt sich unterhalb des *Tuberculum maius* an der Innenseite der hier bereits vereinigten *MM. deltoideus I und II* bis zur lateralen Fläche des Humerus fort und geht so über den Ursprung des *M. brachialis internus* hinweg; diesem Muskel dient er zum Theil als Ursprung (cf. Figuren 6, 8, 9 *Tr I*).

Den Ansatz aller Portionen werden wir später im Zusammenhange besprechen.

Die erste Portion wird in der Nähe der gegen den Oberarmknochen gerichteten Kante des Muskels innervirt. Eine Innervationsstelle liegt ungefähr 2—3 cm vom oberen Ende entfernt. Der hier eintretende Nerv stammt aus dem *N. radialis*.

Der *N. radialis* setzt sich, wie aus Fig. 5 *R* ersichtlich ist, aus Fasern zusammen, die sämmtlichen Wurzeln des *Plexus brachialis* angehören. Bereits in der Nähe der Rückenmarkswurzeln geht ein Ast ab, der nur Fasern enthält, die aus der VIII. und IX. Wurzel stammen (Fig. 5, *R I*). Dieser Ast tritt, wie wir später sehen werden, in die zweite Portion des *M. extensorius brachii* ein.

Der N. radialis selbst legt sich dann der medialen Fläche der Sehne der vereinigten MM. latissimus dorsi und teres maior an. Am unteren Rande dieser Sehne theilt er sich in zwei grössere und mehrere kleinere Aeste.

Die beiden grösseren Stämme nehmen zunächst ihren Weg zwischen den beiden Köpfen der vierten Portion des M. extensorius brachii her.; alsdann folgt der eine dem oberen Rande des M. supinator longus zum Vorderarm, der andere, ein Muskelast, geht zwischen dem M. extensor carpi radialis einerseits und den MM. brachialis anticus und supinator longus andererseits in die Tiefe.

Von den feineren Aestchen innerviren zunächst drei die dritte Portion und die beiden Köpfe der vierten Portion des M. extensorius brachii; ein weiterer Faden geht zwischen den beiden Köpfen der vierten Portion durch, um dann in der Furche zwischen vierter Portion des M. extensorius brachii und M. brachialis anticus zum M. anconaeus herabzusteigen. Ein letzter Faden endlich folgt ebenfalls dem Laufe der beiden grösseren Aeste des N. radialis, dringt aber an der oben näher angegebenen Stelle in die erste Portion des M. extensorius ein.

Die erste Portion wird ferner von einem feinen Aste des N. circumflexus humeri versorgt; die Eintrittsstelle dieses Astes liegt ungefähr 1 cm oberhalb der vorhin erwähnten Innervationsstelle. Wir gedachten dieses Astes des N. circumflexus humeri bereits bei der Schilderung der Innervationsverhältnisse des M. cephalo-brachialis (pag. 197).

b. Die zweite Portion des M. extensorius, die Straus-Dürckheim mit Triceps-moyen bezeichnet, ist die stärkste; sie ist ebenso wie die erste ausgesprochen dreikantig. Die eine Kante liegt lateral; mit ihr schneidet der caudale Rand der ersten Portion ab. Die zweite Kante liegt caudal, die dritte oral und ist dem Knochen zugewandt. Auch der M. extensorius II zeigt einen ausgeprägten Sehnenspiegel an seinem Ursprung; aber dieser sowohl wie der bei der ersten Portion erwähnte tritt sehr in den Hintergrund gegen denjenigen, den man an der lateralen und hinteren Fläche der zweiten Portion gewahrt.

Die zweite Portion entspringt von dem axillaren Rand des Schulterblattes zwischen dem M. subscapularis und teres minor. Der Ursprung beginnt ungefähr 1 cm von der Cavitas glenoidalis der Scapula und ist 2—8 cm breit (cf. Figuren 6 und 9 Tr 2).

Diese Portion wird auf ihrer dem *M. extensorius I* zugekehrten Fläche von mehreren feinen Aesten des *N. circumflexus humeri* versorgt.

Die Hauptinnervationsstelle liegt auf der dem Oberarmknochen zugewandten Kante an der Grenze des oberen und mittleren Drittels, an welcher Stelle drei grössere und mehrere feinere Nervenäste in den Muskel eindringen. Es ist dies derjenige Nerv, den wir als ersten Ast des *N. radialis* schon bei Beschreibung der Innervationsverhältnisse der ersten Portion anführten. Er kommt, wie mitgetheilt, aus der VIII. und IX. Wurzel des Rückenmarks.

     c. Die dritte Portion des *M. extensorius brachii*, welche Straus-Dürckheim *M. triceps-interne* bezeichnet, von der Mivart überhaupt nicht spricht, bildet einen dünnen breiten Muskel, zum grösseren Theil an der medialen, zum kleineren an der hinteren Seite des Oberarmes gelegen. Von seinem Ursprung nahmen wir schon bei Beschreibung der zweiten Portion des *M. pectoralis V* (pag. 184) zu sprechen Gelegenheit. Wir fanden dort, dass die Sehnen der *MM. latissimus dorsi, cutaneus maximus* und die Sehne der zweiten Portion des *M. pectoralis V* über den Gefässen und Nerven in der Achselhöhle einen Bogen bilden, und dass von diesem Bogen aus die hier in Frage kommende mediale Portion des *M. extensorius* ihren Ursprung nimmt und nach abwärts zieht. Das untere Ende dieses Muskels geht neben der Sehne des *M. pectoralis I* und der Sehne des vom *M. pectoralis IV* sich ablösenden Muskelbündels in die Fascie der oberflächlichen Muskel des Vorderarmes über (cf. Fig. 1. *Tr III*).

     Dieser Muskel wird einige Millimeter von seinem Ursprung entfernt und ungefähr in der Hälfte seiner Breite auf der Innenfläche von einem Ast des *N. radialis* innervirt. Von diesem Ast des *N. radialis* war früher schon einmal die Rede.

     d. Die vierte Portion, von Straus-Dürckheim als *Anconi-moyen* bezeichnet, ist zweiköpfig: der erste, lange Kopf entspringt vom oberen Viertel der hinteren und medialen Fläche des Humerus; die oberflächlichen Fasern des *M. coraco-brachialis* gehen an der medialen Fläche dieses Knochens in die Fascie des langen Kopfes über. Das obere Ende dieses und des sogleich zu besprechenden zweiten Kopfes dieses Muskels wird medialwärts von der Sehne der vereinigten *MM. latissimus dorsi* und *teres maior* bedeckt.

Der zweite, kurze Kopf dieser Portion entspringt unterhalb des ersten an der medialen Fläche des Humerus. Ungefähr in der Mitte zwischen beiden Köpfen tritt der *N. radialis* durch, der dann auf die hintere Fläche des Oberarmknochens gelangt und diesen in Form einer Spirale umschlingt, so dass er an der radialen Seite wieder erscheint (cf. Fig. 9, *Tr I*).

Der lange Kopf erhält seinen Nerven an der Grenze zwischen mittlerem und oberem Drittel auf der medialen Fläche. Die Innervationsstelle des kurzen Kopfes liegt etwas höher, als die des ersteren auf der diesem zugekehrten Fläche. Beide Nerven sind Aeste des *N. radialis* und wurden bei dessen Beschreibung schon erwähnt.

e. Die fünfte Portion (Straus-Dürckheim: *Anconé-interne*) ist die kleinste von allen; sie ist ungefähr 1,5 cm lang und nicht ganz halb so breit. Sie entspringt vom unteren Ende des Oberarmknochens, und zwar von der Knochenbrücke, welche über den *N. medianus* hingeht und das *Foramen condyloideum* auf der Beugeseite des Humerus begrenzt (cf. Fig. 4, *Te*).

Dieser von Mivart als fünfte Portion des *M. triceps* bezeichnete Muskel erhält seinen Nerven aus dem von ihm bedeckten *N. ulnaris*. Ein ganz feines Aestchen dieses Nerven tritt an der dem Knochen zugekehrten Seite des Muskels ungefähr in der Hälfte seiner Länge ein.

Dieser Umstand lässt es in hohem Maasse bedenklich erscheinen, den Muskel mit einer Portion des *M. triceps s. extensorius* zu homologisiren. Wenn man den Muskel überhaupt mit einem anderen homologisiren will, so stösst man auf manche Schwierigkeiten. Es sprechen z. B. sowohl Ansatz und Ursprung als auch Wirkung für die Homologisirung des in Frage kommenden Muskels mit einer Portion des *M. extensorius brachii*. Aber die Innervation desselben durch einen Ast des *N. ulnaris* spricht, wie bemerkt, dagegen.

Es treten nun mitunter beim Menschen Fälle auf, wo der *N. medianus* unter einem in der Regel nicht vorhandenen *Proc. supracondyloideus* hergeht, welcher Processus dann der oben erwähnten Knochenbrücke, die am unteren Ende des Humerus bei der Katze regelmässig vorhanden ist, entspricht. In diesen Fällen rückt der Ursprung des *M. pronator teres*, der sonst beim Menschen von *Condylus internus* oder *medialis humeri* seinen Ursprung nimmt, so hoch am Humerus hinauf, dass eine Aehnlichkeit desselben mit unserem

Muskel unverkennbar ist. Wollte man nun diesen Muskel mit einem *M. pronator teres* homologisiren, so würde man in den Innervationsverhältnissen kein widersprechendes Moment finden, wohl aber im Ansatz und in der Wirkungsweise des Muskels. Derselbe wird nämlich bei Pronation des Vorderarmes entspannt, bei Supination contrahirt, wirkt also eher als ein Antagonist des *Pronator teres*. Ausserdem entspringt bei der Katze der *M. pronator teres* nicht von der Knochenbrücke, welche den *Canalis supracondyloideus* überdeckt, sondern vom *Condylus medialis* des Oberarmknochens.

Man müsste demgemäss unseren Muskel als einen besonderen, der Katze eigenthümlichen Muskel ansehen, den man dann *M. transversus cubiti* nennen könnte (cf. Fig. 4. *Tc*).

Henle hat gefunden, dass auch Fälle vorkommen, in denen beim Menschen der mediale Tricepskopf einen Nervenast aus dem *N. ulnaris* erhält, und man könnte somit geneigt sein, in unserem Fall eine Analogie hiervon zu sehen. Dagegen spricht aber der Umstand, dass in den von Henle beschriebenen Fällen der *N. ulnaris* selbst eine Strecke weit mit dem *N. radialis* verbunden ist, bevor er den oben erwähnten Ast zum Tricepskopf abgiebt, so dass man die Möglichkeit einer Abgabe von Fasern des *N. radialis* an den *N. ulnaris* an der Berührungsstelle nicht von der Hand weisen kann. Von einer solchen Vereinigung oder Berührung des *N. ulnaris* mit dem *N. radialis* ist aber an unserem Präparate nichts zu sehen: diese Nerven sind im Gegentheil von ihrem Ursprung aus den Rückenmarkswurzeln an immer von einander getrennt.

Was nun endlich den Ansatz des *M. extensorius brachii* angeht, so setzen alle Portionen am *Olecranon ulnae* an; vor ihrem Ansatz ist die zweite Portion bereits mit der ersten verbunden. Auf das *Olecranon ulnae* vertheilen sich die verschiedenen Portionen der Art, dass die erste den lateralen, die zweite den hinteren, die fünfte den medialen Theil desselben einnimmt. Die Sehne der vierten Portion liegt zwischen der zweiten und dem Oberarmknochen, und die der dritten Portion schmiegt sich als ganz dünne Haut der ersten, zweiten und fünften Portion an ihrer Aussenfläche an.

Die Wirkung des *M. extensorius brachii* besteht in der Streckung des Vorderarmes im Ellbogengelenk.

Der M. anconaeus

Str-D.: *Anconé-externe*

nimmt seinen Ursprung vom unteren Drittel der hinteren Fläche des Humerus und grenzt oben an das proximale Ende des *M. supinator longus*. Medialwärts grenzt er an die vierte Portion des *M. extensorius brachii*, und auf ihn lagern sich die beiden ersten Portionen dieses Muskels. Er setzt lateralwärts von der Sehne des *M. extensorius brachii IV* am *Olecranon ulnae* an; zum Theil steht das untere Ende mit der Kapsel des Radius-Humerusgelenkes in Verbindung und überbrückt so die Einsenkung, welche zwischen dem *Olecranon* einerseits und dem *Condylus lateralis humeri* und dem Radiusköpfchen andererseits besteht.

Der *M. anconaeus* wird von dem schon früher (pag. 199) erwähnten Aste des *N. radialis* innervirt, welcher an der hinteren Fläche des Muskels in der Nähe des Ursprunges eintritt.

Dieser Muskel unterstützt die Wirkung des *M. extensorius brachii* und spannt die mit ihm in Verbindung stehende Gelenkkapsel.

Zusammenstellung der Ergebnisse über das Verhalten der Nerven.

Muskel	Nervenwurzel	Innervationsstelle
Pectoralis I . . .	VI. und VII.	Mit fünf Zweigen in den proximalen zwei Dritteln.
Pectoralis II . . .	VI. und VII.	Im proximalen Drittel.
Pectoralis III . . .	VI. und VII.	In der proximalen Hälfte.
Pectoralis IV a. *) . .	VI. und VII.	Im proximalen Drittel.
b. . . .	VII. und VIII.	Im Mittelpunkt des Muskels.
Pectoralis V	VII. und VIII.	Im Mittelpunkt der verschiedenen drei Portionen.
Cephalo-bruch. a. . . .	Access. Will.	
b. . . .	VI. und VII.	In den proximalen zwei Dritteln.
c. . . .	VII.	
Trapezius a.	Access. Will.	Im proximalen Drittel.
b.	? Brustnerv	
Levator scapulae . . .	? Halsnerv	In der proximalen Hälfte.
Levator claviculae . .	Access. Will.	Im proximalen Drittel.
Deltoideus I und II .	VI. und VII.	In der Nähe des Ursprunges.
Supraspinatus . . .	VI.	In der proximalen Hälfte.
Infraspinatus	VI.	Am Ursprung.
Teres maior . . .	VI. und VII.	In der Mitte des Muskels.
Teres minor . . .	VI. und VII.	
Biceps .	VI. und VII.	An der Grenze des mittleren und oberen Drittels.

*) Erhält ein Muskel mehrere getrennte Nerven, so ist dies durch die Hinzufügung der Buchstaben a, b, c angedeutet. *M. pectoralis IV* wird demgemäss nicht nur von einem aus der VI. und VII. Rückenmarkswurzel kommenden Nerven versorgt, sondern ausserdem noch von einem anderen, der aus der VII. und VIII. Wurzel des Rückenmarks stammt.

Muskel	Nervenwurzel	Innervationsstelle
Corneo-brachialis . .	VI. und VII.	In der Mitte des Muskels.
Brachialis antic. . . .	VI. und VII.	
Subscapularis a. . . .	VI.	In der Nähe des Ursprunges.
b. . . .	VI. und VII.	
Extensor os brachii		
1. Portion a.	VI., VII., VIII. und IX.	Nahe am Ursprung.
b.	VI. und VII.	
2. Portion a. . . .	VIII. und IX.	Zwischen mittl. und oberem Drittel.
b. . . .	VI. und VII.	
3. Portion	VI., VII., VIII. und IX.	Nahe am Ursprung.
4. Portion		
Langer Kopf . .	VI., VII., VIII. und IX.	Zwischen mittl. und oberem Drittel.
Kurzer Kopf .	VI., VII., VIII. und IX.	Im proximalen Drittel.
5. Portion	VIII. und IX.	In der Mitte.
(Tensores cubiti)	*(ulnaris)*	
Anconaeus	VI., VII., VIII. und IX.	Nahe am Ursprung.

Auf eine nähere Erläuterung der aus dieser Tabelle zu ziehenden Schlüsse wird, wie schon Eingangs erwähnt wurde, erst später eingegangen werden.

Erklärung der Zeichnuugen.

(NB. Die Stellen der Nerveneintritte in den Muskeln sind durch schwarze Punkte bezeichnet.)

Figur 1

stellt zunächst auf der linken Körperhälfte den *M. pectoralis I* (*P I*) in seinem ganzen Verlaufe dar; auf der rechten Körperhälfte ist dieser Muskel zunächst in der Mitte durchgeschnitten, das proximale Ende am Ursprung vom Sternum losgetrennt und das distale Ende gegen den Fuss hin umgeschlagen (*P I*). In Folge dessen tritt auf dieser Seite des Körpers der mit *P II* bezeichnete *M. pectoralis II* frei zu Tage. Von den übrigen Portionen der *MM. pectorales* sehen wir: das distale Ende des *M. pectoralis III*, welches den Humeruskopf auf seiner vorderen Seite bedeckt (*P III*), auf der rechten Körperhälfte; ferner den grössten Theil des *M. pectoralis IV* (*P IV*) mit dem zur Fascie des Unterarmes ziehenden schmalen Muskelbündel (*P IV'*); endlich ist der grösste Theil der beiden ersten Portionen des *M. pectoralis V* (*P V*) abgebildet; dieselben sind hier noch nicht von einander getrennt.

Der *M. cephalo-brachialis* (*Cb*) ist auf der rechten Körperseite in der Mitte zwischen Clavicula und Ansatz am *Proc. coracoideus ulnae* durchgeschnitten und die beiden Abschnitte nach oben resp. nach unten umgeschlagen; an dem unteren bemerken wir den mit dem einen Theile der Sehne des *M. pectoralis I* gebildeten Bogen, unter welchem die Sehne des *M. biceps* (*B*) verläuft; an dem oberen sehen wir zunächst die Aeste des *N. circumflexus humeri* in den Muskel eintreten, etwas weiter nach oben und medialwärts die Clavicula bogenförmig durchschimmern (*C*).

An der lateralen Seite des *M. biceps* sieht man den *M. brachialis anteus* (*B a*). Auf der medialen Fläche des rechten Oberarmes ist der mediale Kopf des *M. triceps* (*Tr III*) abgebildet. Ausserdem finden wir auf der rechten Seite des Körpers im Hintergrunde einen kleinen Theil des *M. latissimus dorsi* (*L d*) und lateral- und dorsalwärts vom *M. pectoralis V* ist der *M. cutaneus maximus* (*C m*) noch erhalten. Am Halse sind die beiden *MM. sterno-mastoidei* (*S m*) abgebildet, welche an ihrem Ursprunge am medialen Rande verwachsen sind. Auf der linken Körperhälfte ist der *M. cutaneus maximus* lospräparirt und nach dem Rücken zu umgeschlagen (*C m*), wodurch zunächst einzelne Muskelbündel des *M. serratus magnus* zum Vorscheine kommen (*Se m*); medial-wärts von diesem liegt derjenige Theil des Hautmuskels, welcher mit der zweiten Portion des *M. pectoralis V* zusammen am Humerus ansetzt (*C m₁*). Unter diesem und medialwärts liegt der mit *O a e* bezeichnete *M. obliquus abdominis externus*, von dem ein Stück aus dem medialen Rande ausgeschnitten ist, um den unter ihm liegenden *M. rectus abdominis* (*R a*) hervortreten zu lassen. Unter diesem und der Mittellinie des Körpers zu erblickt man die unteren Rippen, unter denen das Diaphragma (*D*) zum Vorschein kommt, welches nach vorn bis zum *Proc. ensiformis* des Sternum (*Pr*) reicht.

Am linken Arme tritt hinter dem *M. cephalo-brachialis* der *M. supinator longus* (*S l*) hervor, der sich in der Nähe des Fusses an den *M. extensor carpi radialis* (*C r*) anlegt.

Figur 2

stellt den oberen Theil der linken Brust dar. Wir sehen zunächst die beiden *MM. sterno-mastoidei* an ihrem Ursprunge vereinigt (*S m*) und die von ihrer Vereinigungs-stelle, sowie von dem oberen Abschnitte des Sternum entspringenden Theile des linken *M. pectoralis II*, der der Länge nach halbirt ist; die obere Hälfte dieses Muskels ist nach rechts und unten umgeschlagen, die untere Hälfte nimmt so ziemlich ihre natür-liche Lage ein (*P II*). Der Zweck dieser Figur ist, die Nerven des *M. pectoralis I* und des *M. pectoralis II* darzustellen. Die Nerven, welche diese beiden Muskeln versorgen, kommen zusammen aus dem Spalte hervor, der zwischen *M. pectoralis III* (*P III*) und *M. pectoralis IV* (*P IV*) besteht. Alsdann geht der mit *a* bezeichnete Ast in den *M. pectoralis II*, während die Aeste *b, c, d*, von denen sich die beiden ersten nochmals theilen, den *M. pectoralis I* versorgen.

Der *M. pectoralis I* der linken Körperhälfte ist nach der rechten umgelegt (*P I*) und über die Ansätze der linken *MM. pectorales III* und *IV* zieht der *M. cephalo-brachialis* (*Cb*) hinweg, in welchem man oberhalb des *M. pectoralis III* die Clavicula (*C*) durchschimmern sieht.

Im *M. pectoralis III* ist die Innervationsstelle durch einen Punkt markirt.

Figur 3

stellt die Ursprünge und Ansätze der *MM. pectorales III* und *IV* dar (*P III* und *P IV*). In dem Spalte zwischen den beiden Muskeln tritt bei *a* der die *MM. pectorales I* und *II* versorgende Nerv hervor. Die Innervationsstellen des *M. pectoralis III* und *M. pectoralis IV* sind durch Punkte markirt. Ausserdem bemerken wir den Ursprung und den Ansatz des *M. pectoralis II* (*P II*) und unter dem proximalen Ende dieses Muskels ein kleines Stück des *M. pectoralis I*. Oben links sind die Ursprünge der beiden *MM. sterno-mastoidei* (*Sm*) dargestellt, von deren Vereinigung der vordere Theil des *M. pectoralis II* seinen Ursprung nimmt. Der *M. cephalo-brachialis* (*Cb*) ist in der Hälfte zwischen Clavicula und dem Ansatze am *Proc. coracoideus ulnae* durchgeschnitten und der obere Abschnitt, in dem die Clavicula (*C*) durchschimmert, nach oben und rechts umgeklappt. Lateral vom Ansatze des *M. pectoralis III* ist ein Stück des *M. deltoideus II* sichtbar (*D*) und unterhalb des Humeruskopfes sehen wir den *N. circumflexus humeri* (*h*) hervortreten. Am linken Arme ist endlich noch ein Theil des *M. biceps* (*B*) und des *M. brachialis anticus* (*B a*) dargestellt.

Figur 4

stellt zunächst die erste Portion des *M. pectoralis V* dar (*P V. 1*), dann die zweite Portion (*P V. 2*), welche eine nach vorn offene Tasche bildet, die durch einen Haken auseinander gehalten wird; die dritte Portion dieses Muskels (*P V. 3*) ist um ihre Axe gedreht. Ausserdem sehen wir die Ursprünge der beiden *MM. pectorales IV* (*P IV*), von denen der rechte auch nach links umgelegt ist; zwischen beiden bemerken wir vorne den *M. pectoralis I* (*P I*) der rechten Körperhälfte; unter diesem und kopfwärts von ihm liegt der *M. pectoralis II* (*P II*), der in seiner vorderen Portion von den vereinigten *MM. sterno-mastoidei* (*Sm*) seinen Ursprung nimmt. Der *M. pectoralis III* (*P III*) ist in der Mitte durchschnitten; der proximale Theil nimmt seine natürliche Lage ein, der distale ist zur Seite umgeschlagen; eben dieselbe Lage nimmt der Ansatz des rechten *M. pectoralis IV* (*P IV*) ein. Der *M. cephalo-brachialis* (*Cb*) ist in der Mitte zwischen der Clavicula und dem Ansatze am *Proc. coracoideus ulnae* durchgeschnitten und der obere Abschnitt nach oben umgeschlagen; in diesem sieht man die Verästelung des *N. circumflexus humeri* und die Clavicula (*C*). Am rechten Arme ist der *M. biceps* (*B*), der Ansatz des *M. pectoralis I* (*P I*), der Ansatz des vom *M. pectoralis IV* sich ablösenden Muskelbündels (*P IV*) und die mediale Portion des *M. triceps* (*Tr III*) sichtbar. Dieser letztgenannte Muskel ist eingeschnitten, um den *M. transversus cubiti* (*T c*) sichtbar zu machen. Lateral vom *M. pectoralis V* ist der *M. cutaneus maximus* (*C m*) vom Körper etwas abgezogen und der am Humerus am vorderen Ende der Sehne der zweiten Portion des *M. pectoralis V* ansetzende Kopf dieses Muskels (*C m₁*), welcher vom *Proc. ensiformis sterni* und der *Linea alba* entspringt, dargestellt.

Figur 5

stellt den *Plexus brachialis* dar. Es bedeutet:

c b		einen zum *M. cephalo-brachialis* ziehenden Nerven,			
N s =	„	„ "{ *supra-spinatus*	„	„
		{ *infra-spinatus*	„	„
S p₁ = }				
S p = }	„	„ *subscapularis*	„	„
c br	„	„ *coraco-brachialis*	„	„
b	„	„ *biceps*	„	„
b a	„	„ *brachialis anticus*	„	„

cf	= den *N. circumflexus humeri,*
t m₁	= einen zum *M. teres minor* ziehenden Nerven,
t m₂	„ „ „ *maior* „ „
R	*N. radialis,*
R₁	= erster Ast des *N. radialis,*
M	*N. medianus,*
U	= *N. ulnaris,*
L d	= einen Nerven, der zum *M. latissimus dorsi* zieht,
C m	„ „ „ „ *M. cutaneus maximus* zieht,
C m₂	= „ „ „ zur Haut des Vorderarmes zieht,
p IV; V, 2—3 ..	„ „ „ zum *M. pectoralis IV,* zu der zweiten und dritten Portion des *M. pectoralis V* zieht,
p V, 1	„ „ „ zur ersten Portion des *M. pectoralis V* zieht,
S	„ „ „ zum *M. scalenus* zieht,
p 1, 2, 3, 4	„ „ „ zu den *MM. pectoralis I, II, III* und *IV* zieht.

Figur 5a

stellt das pag. 25 beschriebene und unter dem Mikroskope untersuchte Präparat dar; es bedeutet:

S	= den Nerven, der zum *M. scalenus* zieht,
c br	„ „ „ „ *corraco-brachialis* zieht,
b	„ „ „ „ *biceps* zieht,
b a	„ „ „ „ *brachialis anticus* zieht.

Figur 5b

stellt die pag. 191 beschriebene, unter dem Mikroskope untersuchte Stelle des *N. musculo cutaneus* schematisirt dar, aus welcher hervorgeht, dass ein gegenseitiger Austausch der aus beiden Wurzeln stammenden Fasern stattfindet.

Figur 6

stellt die oberflächlichen, auf der lateralen Fläche der Schulter und des Oberarmes gelegenen Muskel dar. Wir sehen zunächst den *M. cephalo-brachialis (C b)* im grössten Theile seines Verlaufes; ferner den Ursprung der von der *Spina scapulae* gegen die Mittellinie des Rückens ziehenden *MM. trapezii (T 1* und *T 2)*, sowie den des *M. levator scapulae (L s)*. Ventralwärts und dem Kopfe zu ziehen von der *Spina scapulae* die beiden *MM. deltoidei (D 1* und *D 2)*. Unter dem hinteren Muskelrande des ersten derselben sehen wir die erste und zweite Portion des *M. triceps (Tr 1* und *Tr 2)* hervortreten und gegen das *Olecranon ulnae* ziehen. Unter dem letztgenannten Muskel tritt endlich der *M. latissimus dorsi* (*L d*) hervor, um nach hinten und der Mittellinie des Rückens zuzuziehen.

Figur 7.

In dieser Figur sind hauptsächlich die Muskeln dargestellt, welche vom *M. cephalo-brachialis* bedeckt werden und fast vollständig zu Tage treten, wenn man, wie es hier geschehen ist, den oben genannten Muskel in der Mitte zwischen seinem Ursprunge vom Hinterhaupte und der Fascie des Nackens und der Clavicula durchschneidet, und die beiden so entstandenen Enden auseinander legt, das eine nach oben und hinten, das andere nach unten und vorn. An diesem letzten Abschnitte des *M. cephalo-brachialis* (*Cb* bemerken wir auf der Innenfläche die halbmondförmige, nach oben concave Clavicule (*C*), an welche von oben her der *M. levator claviculae* (*L c*) ansetzt. Auch der *M. levator scapulae* ist grösstentheils freigelegt (*L s*); wir sehen, dass derselbe an seinem Ansatze mit der ersten Portion des *M. trapezius* (*T 1*) durch sehnige Verbindung zusammenhängt. Von diesen letztgenannten Muskeln wird zum grossen Theile der *M. supra-spinatus* (*S s*) bedeckt, nur das dem Ansatze zunächstliegende Ende des Muskels liegt frei. Von dem ventralwärts von ihm gelegenen *M. intraspinatus* (*I s*) ist nur ein kleines Dreieck zu sehen, welches zwischen den *MM. deltoidei* (*D 1* und *D 2*, und dem *M. levator scapulae* (*L s*) übrig bleibt. Unter dem hinteren Muskelrande des *M. deltoideus I* (*D 1*) treten die beiden ersten Portionen des *M. triceps* (*Tr 1* und *Tr 2*) hervor und ziehen dem Ellenbogen zu. Zwischen der zweiten Portion des *M. trapezius* (*T 2*), der ersten Portion des *M. deltoideus* (*D 1*) und der zweiten des *M. triceps* (*Tr 2*) erblicken wir einen Theil des *M. latissimus dorsi* (*L d*). An der lateralen Fläche des Humerus sehen wir die dritte und vierte Portion der *MM. pectorales* ansetzen und ventral- und medialwärts ziehen.

Figur 8

stellt die Ursprünge und Ansätze der *MM. deltoidei*, den Ansatz des *M. levator scapulae* und der ersten Portion des *M. trapezius* und den Ursprung der beiden ersten Portionen des *M. triceps* dar. Am unteren Viertel der Spina scapulae sehen wir den *M. deltoideus I* (*D 1*) entspringen; die obere Hälfte dieses Muskels, sowie die der zweiten Portion (*D 2*) ist nach der Mittellinie des Rückens hin umgeschlagen; es ist also hier die Innenfläche dargestellt. Zwischen den Ursprüngen der beiden genannten Muskeln liegen die Ansätze der ersten Portion des *M. trapezius* (*T 1*) und des *M. levator scapulae* (*L s*); die Ansätze dieser beiden Muskel sind hier von einander getrennt und der des letzteren über den vorderen Rand des ersteren gelegt. An der lateralen Fläche des Humerus sehen wir zunächst den *M. pectoralis III* (*P III*) ansetzen; abwärts von diesem ist der Ansatz der vereinigten *MM. deltoidei* (*D 1* und *D 2*) dargestellt. Man sieht, wie die unteren Faserbündel des letzteren unmittelbar in die Fasern des nach abwärts ziehenden *M. brachialis internus* (*B a*) übergehen. Im Hintergrunde erblickt man *M. cephalo-*

brachialis (*C b*) mit der Clavicula (*C*) und dem Ansatze des *M. levator claviculae*; derselbe nimmt dieselbe Lage ein wie auf Fig. 7. Der *M. infraspinatus* (*I s*) liegt frei zu Tage, während der *M. supra-spinatus* (*S s*) grösstentheils bedeckt ist.

Figur 9.

Hier sind die *MM. deltoidei* (*D 1* und *D 2*), der *M. levator scapulae* (*L s*), die erste Portion des *M. trapezius* (*T 1*) und der *M. latissimus dorsi* (*L d*) in derselben Lage wie auf Fig. 8; ebenso finden wir hier den *M. infraspinatus* (*I s*) freigelegt, den *M. supraspinatus* (*S s*) zum grösseren Theile bedeckt. Die erste Portion des *M. triceps* (*Tr I*) ist in der Mitte senkrecht gegen die Richtung der Muskelfasern durchschnitten und die beiden Enden nach oben und unten umgelegt; in Folge dessen wird die laterale und hintere Fläche der zweiten Portion (*Tr II*) vollständig sichtbar, und die beiden Köpfe der vierten Portion treten ebenfalls zu Tage. Zwischen beiden Köpfen sehen wir den *N. radialis* hervortreten, von welchem ein Ast dem *M. supinator longus* (*S l*) folgt, der andere zwischen *M. extensor carpi radialis* (*C r*) und *M. brachialis anticus* (*B a*) in die Tiefe geht. Der *M. supinator brevis* ist, um diese Verhältnisse klar zu legen, quer eingeschnitten und die beiden Schnittstücke lateralwärts umgelegt. Im Hintergrunde bemerkt man auch hier den *M. cephalo-brachialis* (*C b*) mit dem *M. levator claviculae* (*L c*); die Clavicula (*C*) selbst ist zum grössten Theile von dem umgeschlagenen oberen Theile des *M. triceps I* verdeckt.

F. Clasen: Muskeln und Nerven der Katze. Taf. I.

F. Clasen: Muskeln und Nerven der Katze. Taf. 2.

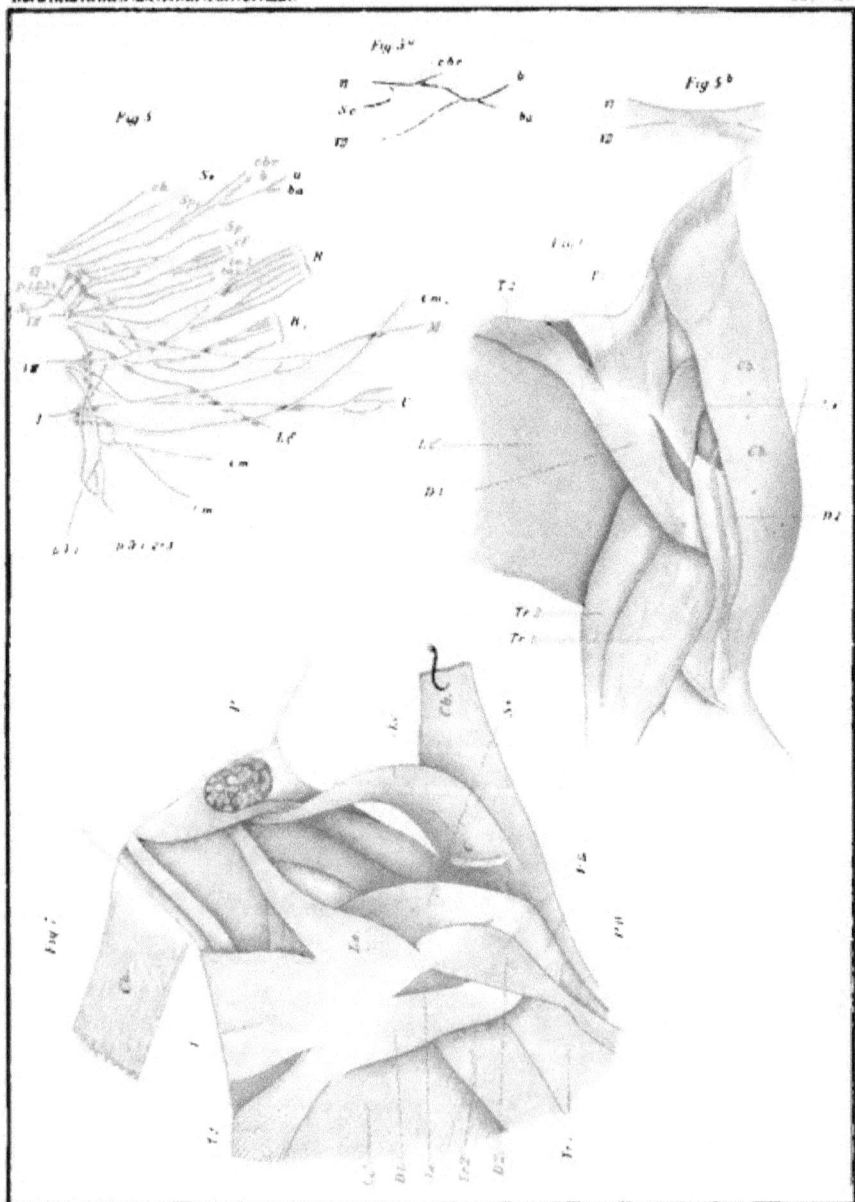

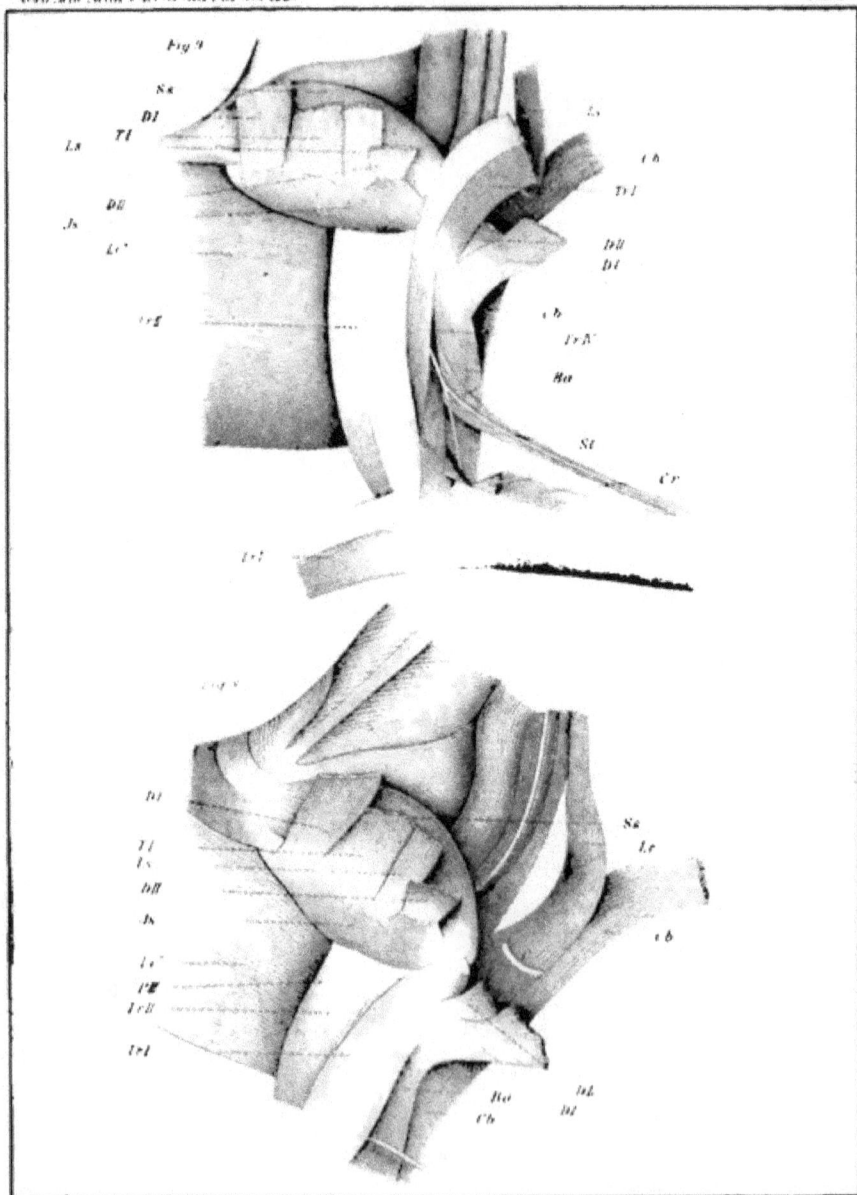

F. Clasen: Muskeln und Nerven der Katze. Taf. 9.

www.ingramcontent.com/pod-product-compliance
Lightning Source LLC
Chambersburg PA
CBHW022030190326
41519CB00010B/1659